Instrumentación 2: Variables Discretas

Alexander Espinosa

Versión 4.1 – 2011

©2011, Alexander Espinosa.

Esta es una obra derivada de Lessons in Industrial Instrumentation de Tony R. Kuphaldt, pero no está financiada, patrocinada, revisada, aprobada o apoyada de ninguna forma por Tony R. Kuphaldt.
http://www.openbookproject.net/books

A mis hijos Camilo y Sofía

Indice

1 Variables Discretas — 1
  1.1 Estado normal de un *switch* — 1
  1.2 *Switches* manuales — 3
  1.3 *Switches* limitadores — 4
  1.4 *Switches* de proximidad — 6
  1.5 *Switches* de presión — 8
  1.6 *Switches* de nivel — 13
    1.6.1 Flotadores — 13
    1.6.2 *Switches* de nivel resonadores *tunning fork* — 13
    1.6.3 Basados en paleta *paddle-wheel* — 14
    1.6.4 Ultrasónicos — 15
    1.6.5 Capacitivos — 15
    1.6.6 Conductivos — 16
  1.7 *Switches* de temperatura — 17
  1.8 *Switches* de caudal — 18

Figuras

1.1	....	2
	(a) Estado normal	2
	(b) Normalmente cerrado	2
1.2	Switch de caudal	2
1.3	Switch Manual	4
	(a) Estado no actuado	4
	(b) Estado actuado	4
	(c) Esquema	4
1.5	Switch con contacto común	5
1.4	Switch limitador	5
1.6	Contactos en *form-C*	6
1.7	Switch de proximidad	6
1.8	Salidas de switch a transistores	7
1.9	Switches electrónicos de proximidad ..	8
1.10	Switch de presión	9
1.11	Switches sensando presión	9
1.12	Foto de un generado de vapor con switches con tubo de Bourdon	10
1.13	Switch con tubo de Bourdon	10
1.14	Funcionamiento de un tilt switch	11
	(a) Abierto	11
	(b) Cerrado	11
1.15	Switches de Presión	12
	(a) Switch de presión Danfoss	12
	(b) Switch de presión Actuado por presión diferencial	12
1.16	Switches de nivel	13

	(a) Símbolo	13
	(b) Foto	13
1.17	Switch resonador	14
1.18	Aplicación de un switch para detectar la presencia de Bicabornato de Sodio	14
1.19	Switch de nivel ultrasónico	15
1.20	Sensores capacitivos sensando la presencia de agua	16
1.21	Switch de nivel conductivo B/W Controls 1500	16
1.22	Switch de temperatura	17
	(a) Símbolo	17
	(b) Foto	17
1.23	Switch de caudal	18
	(a) Símbolo	18
	(b) Foto	18

Prólogo

El estudiante de instrumentación industrial debe conseguir una comprensión de muchos aspectos de la ciencia y la técnica que se utilizan para la obtención de bienes de consumo a través de métodos industriales de proceso. En las industrias de proceso coexisten antiguas y nuevas tecnologías, por lo que el desafío es aún mayor para los jóvenes que intentan obtener el dominio necesario de la instrumentación industrial.

+Alexander Espinosa

Capítulo 1

Variables Discretas

En ingeniería una variable discreta se refiere a una condición de verdadero o falso. Así, un sensor discreto es uno que solo es capaz de indicar si la variable medida está encima o debajo de un setpoint dado. Los sensores discretos adoptan la forma de *switches*, construidos para hacer *trip* cuando la magnitud medida excede o no alcanza el valor dado. Estos dispositivos son menos sofisticados que los llamados sensores *continuos* que entregan valores analógicos, pero son muy útiles en la industria. Existen sensores discretos que detectan variables como posición, presión de fluidos, nivel de material, temperatura y tasa de caudal de fluido. La salida de un sensor discreto es típicamente de naturaleza eléctrica, ya sea un a señal de voltaje activo o solamente una elemento resistivo entre dos terminales del dispositivo.

1.1 Estado normal de un *switch*

Los contactos de los *switches* eléctricos se clasifican como *normalmente abierto* o *normalmente cerrado* lo que se refiere al estado de abierto o cerrado de los contactos (o terminales) observado en condiciones normales.

El estado *normal* de un *switch* es el estado de los contactos eléctricos cuando estos están bajo la condición de *estímulo físico mínimo*. Por ejemplo: para un *pushbutton*, este será el estado del contacto del *switch* cuando no esté siendo presionado. Cuando un *switch* aparece en un diagrama debe indicar cuál es su estado normal. Por ejemplo, en el siguiente diagrama se muestra un *switch pushbutton* que controla una lámpara en un circuito de 220 volts AC (Fig. 1.1a).

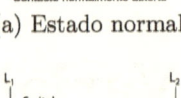

(a) Estado normal

Se puede decir que este *switch* es normalmente-abierto (NO: Normally-Open) porque ha sido dibujado en la posición de abierto. La lámpara se energizará solo si alguien presiona el *switch*, manteniendo sus contactos normalmente-abiertos en la posición cerrada. Los contactos de este tipo se denominan también contactos *form-A*. Cuando se tenga un *switch pushbutton* normalmente-cerrado, el comportamiento será el opuesto. La lámpara se energizará cuando el *switch* sea liberado, pero se apagará si alguien presiona el *switch*. Los contactos normalmente-cerrado (NC: Normally-Closed) también se denominan contactos *form-B* (Fig. 1.1b).

(b) Normalmente cerrado

Figura 1.1

Un *switch* de caudal se construye para detectar fluido a través de un tubo. En un diagrama esquemático, el símbolo del *switch* se vé con una bandera que cuelga hacia abajo (Fig. 1.2). El diagrama esquemático no muestra el tubo donde está físicamente montado el *switch*:

Este *switch* de caudal en particular, se usa para activar una luz de alarma cuando el caudal de refrigerante a través del tubo cae a un nivel bajo peligroso. Los contactos son normalmente-cerrado de acuerdo a como se representan en el diagrama. Note que aunque el *switch* está diseñado como normalmente-cerrado,

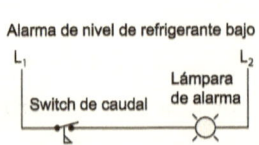

Figura 1.2: Switch de caudal

estará la mayor parte del tiempo en estado abierto debido a la presencia de niveles adecuados de refrigerante. Solo cuando este nivel baje mucho, pasará a su estado "normal" (recordar que es la condición de estímulo mínimo y conducirá corriente eléctrica a la lámpara. En otras palabras, el estado "normal" del *switch* (cerrado) es realmente un estado *anormal* para el proceso, que está sensando **caudal bajo**. Como el fabricante del *switch* no puede anticipar el uso del dispositivo como alarma de bajo nivel o de alto nivel, no se puede clasificar según lo que se considere normal en el proceso. El criterio que puede otorgarse como normal es aquel en el que el dispositivo recibe la menor cantidad de estímulo físico desde el proceso. Posibles definiciones para estado normal de un *switch* pueden ser:

- ***Switch* manual** : nadie presiona el *switch*

- ***Switch* limitador:** el objetivo (*target*) no está contactando el *switch*

- ***Switch* de proximidad**: el objetivo (*target*) está muy lejos

- ***Switch* de presión**: presión es baja (o es el vacío)

- ***Switch* de nivel**: nivel bajo (vacío)

- ***Switch* de temperatura**: baja temperatura (fresco *cold*)

- ***Switch* de caudal**: baja tasa de caudal (el fluido está detenido)

1.2 *Switches* manuales

Un *switch* manual es un *switch* eléctrico que puede ser operado con el movimiento de la mano. Puede tomar la forma de *toggle*, *pushbutton*, rotatorio, *pullchain*, etc. Una forma de un pushbutton industrial puede lucir como (Fig. 1.3a).

El cuello roscado está diseñado para ser introducido en una perforación en un chapa de metal o plástico, de tal forma que pueda ser sujetada con una tuerca. De esta forma, el botón queda accesible al operario y los contactos quedan al otro lado.

Cuando se presiona el botón, se deshace el puente entre los contactos normalmente-cerrado y se establece otro entre los contactos normalmente-abierto (Fig. 1.3b).

El símbolo esquemático correspondiente es (Fig. 1.3c):

1.3 Switches limitadores

Un *switch* limitador detecta el movimiento físico de un objeto al estar en contacto directo con este. Por ejemplo, el que detecta la posición de la puerta de un auto, encendiendo la luz del interior cuando la puerta abre (Fig. 1.4).

El estado "normal" de un *switch* corresponde al estado cuando no esté en contacto con

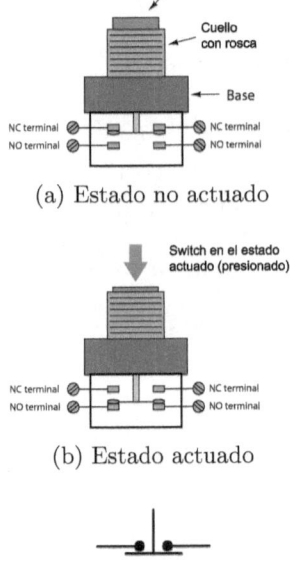

(a) Estado no actuado

(b) Estado actuado

(c) Esquema

Figura 1.3: Switch Manual

nada (Nada toca el mecanismo del *switch*). Los *switches* limitadores se utilizan en el control robótico y en tornos CNC (Computer Numerical Control). En muchos sistemas de control de movimiento, el elemento móvil tienen posiciones "home", a las que el computador le asigna un valor de cero, así el computador sabe con confianza la posición de

1.3. SWITCHES LIMITADORES

comienzo de cada pieza. Los *switch* limitadores detectan cual es la posición "home". Un computador podría activar servomotores para mover una pieza hasta que se active el *switch* limitador, de esta forma la pieza se colocaría en su posición inicial "home". Un *switch* limitador se diseña con

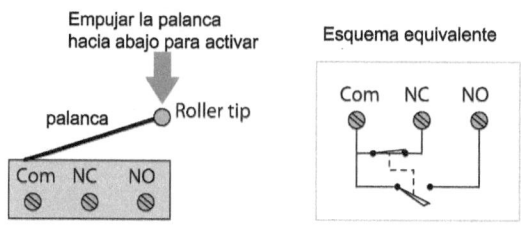

Figura 1.5: Switch con contacto común

una palanca (lever) terminada en un elemento deslizante (roller tip). Este último entra en contacto con la parte móvil que se quiere detectar. Terminales atornillados en el cuerpo del *switch* hacen puente entre terminales NC o entre terminales NO. Si embargo, muchos *switches* pueden tener un tercer contacto llamado "común", el que puede estar en puente con un terminal NC o un terminal NO (Fig. 1.5).

Este tipo de disposición de contactos se conoce como *form-C* debido a que tiene un contacto de tipo form-A (normalmente-abierto) y un contacto de tipo form-B (normalmente-cerrado). Una foto de *close-up* de un conjunto de *switches* limitadores muestra la presencia de contactos form-C (Fig. 1.6).

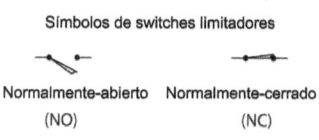

Figura 1.4: Switch limitador

Figura 1.6: Contactos en *form-C*

1.4 *Switches* de proximidad

Un *switch* de proximidad es aquel que detecta la cercanía a un objeto (o proximidad). Estos son elementos que no establecen contacto físico con el elemento que se quiere medir. Usan medios magnéticos, eléctricos y ópticos con el fin de detectar proximidad.

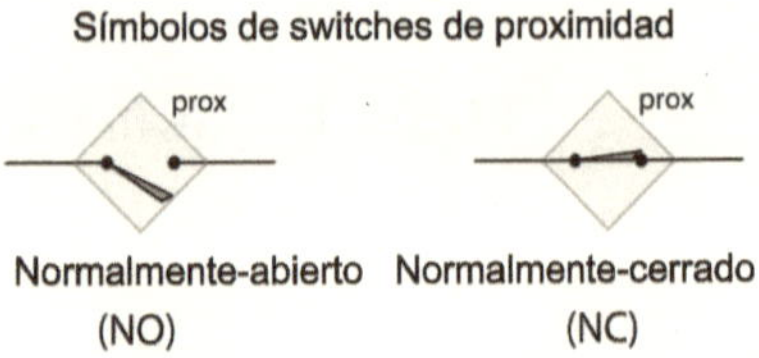

Figura 1.7: Switch de proximidad

Dado que el estado "normal" es la condición de estímulo mínimo. Un *switch* de proximidad estará en estado "normal" cuando esté lejos de los objetos medidos. Se usan para sustituir los *switches* limitadores en los casos en que se quiera evitar efectos debido al contacto físico repetido que implica el uso de los *switches* limitadores. Sin embargo su mayor costo y complejidad, en comparación con los *limitadores*, recomienda que se usen solo cuando los beneficios del reemplazo sean evidentes.

La mayor parte de los *switches* de proximidad son activos: disponen de un circuito electrónico energizado que detecta la proximidad de un objeto. Los *switches* de proximidad *inductivos* detectan la presencia de objetos metálicos a través del uso de un campo **magnético** de alta frecuencia. Los

1.4. SWITCHES DE PROXIMIDAD

switches de proximidad *capacitivos* detectan la presencia de objetos no metálicos a través de un campo **eléctrico** de alta frecuencia. Los *switches* ópticos detectan la interrupción de un haz de luz provocada por un objeto. Los *switches* que tienen contactos mecánicos se representan igual que los *switches* limitadores pero se le agrega un rombo para indicar que son elementos activos (Fig. 1.7).

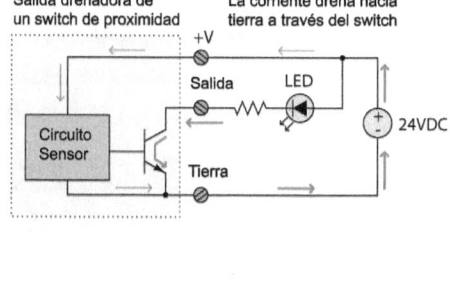

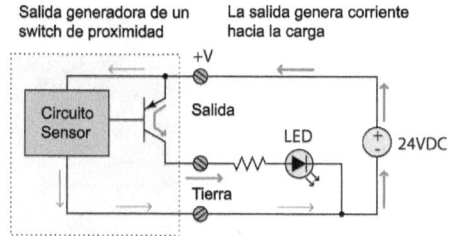

Figura 1.8: Salidas de switch a transistores

Muchos *switches* de proximidad no proporcionan salidas de contacto secas *dry contact* como los que tienen contactos mecánicos, sino que sus elementos de salida son transistores configurados para generar o drenar corriente eléctrica. El siguiente esquema muestra el contraste entre los dos modos de operación, se usan flechas para indicar el sentido de la corriente (en el sentido convencional). En el ejemplo, la carga asignada al *switch* de proximidad es un LED (Fig. 1.8).

La fotografía muestra dos estilos de *switches* electrónicos de proximidad (Fig. 1.9).

La próxima fotografía muestra un *switch* de proximidad detectando el paso de un diente de una cadena generando una señal eléctrica de onda cuadrada. Este dispositivo puede ser usado como un sensor de velocidad rotacional (velocidad de la cadena proporcional a la frecuencia de la señal) o como un sensor de cadena rota (Fig. 1.4).

1.5 *Switches* de presión

Un *switch* de presión es aquel que detecta la presencia de presión de un fluido. Los *switches* de presión frecuentemente usan diafragmas o fuelles como el elemento sensor de presión (elemento primario), cuando se mueven hacen puente entre

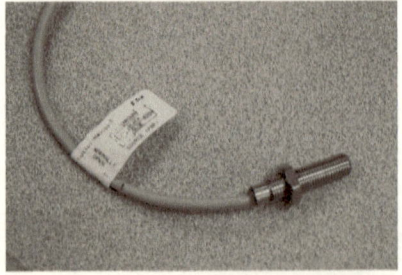

Figura 1.9: Switches electrónicos de proximidad

los contactos. El estado normal de un *switch* es aquel en que existe la condición de estímulo mínimo. Un *switch* de presión estará en sus estado normal cuando sense la menor presión, lo que puede ser también el vacío (Fig. 1.10).

1.5. SWITCHES DE PRESIÓN

La siguiente fotografía muestra dos *switches* de presión sensando la misma presión de fluido que un transmisor electrónico de presión, ubicado en el extremo lejano hacia la izquierda (Fig. 1.11).

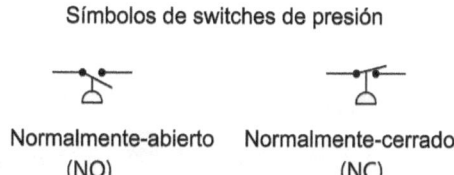

Símbolos de switches de presión

Normalmente-abierto (NO)   Normalmente-cerrado (NC)

Figura 1.10: Switch de presión

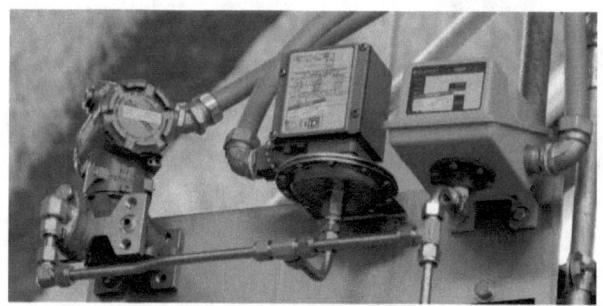

Figura 1.11: Switches sensando presión

Un diseño antiguo de *switch* de presión usa un tubo de *Bourdon* como el elemento primario de sensado de presión y un bulbo de vidrio parcialmente lleno con Mercurio como el elemento de conexión eléctrica. Cuando una presión aplicada sea capaz de flexionar el tubo *Bourdon*, el bulbo de vidrio se moverá los suficiente como para hacer que el Mercurio líquido haga puente entre el par de electrodos y que por tanto, se cierre el circuito eléctrico. El Mercurio es un metal (aunque esté en estado líquido a temperatura y presión normal, a diferencia de otros metales que están en estado sólido), por lo tanto es conductor de electricidad. En la foto (Fig. 1.12), un generador de vapor (*steam boiler*) con varios de estos dispositivos (son las unidades redondeadas que tienen una cubierta de vidrio para permitir la inspección del tubo *Bourdon* y el *switch* de Mercurio).

Figura 1.12: Foto de un generado de vapor con switches con tubo de Bourdon

Una fotografía *closed-up* (Fig. 1.13) muestra uno de estos dispositivos, observe que el tubo de *Bourdon* es una cinta de color estaño extendida en forma de cilindro que rodea las otra piezas. El *switch* de Mercurio es la cápsula de vidrio a la que entran los cables, los que tienen una cubierta de plástico amarillo.

Figura 1.13: Switch con tubo de Bourdon

En la próxima fotografía (Fig. 1.14) se muestra el *switch* de Mercurio, una vez que se ha extraído del dispositivo.

El *switch* de Mercurio es inmune a la degradación de los

1.5. SWITCHES DE PRESIÓN

contactos cuando hay aceite, suciedad, polvo o corrosión. Es igualmente importante notar que las chispas que se puedan originar al cerrar contactos no serían capaces de engendrar una explosión, debido a que estarían en un recipiente herméticamente sellado: el bulbo de vidrio.

Un *switch* de presión de Danfoss Corporation aparece en la siguiente foto (Fig. 1.15a). Este modelo tiene una ventana en el frente para permitir que los técnicos puedan ver en el interior el límite de presión que se ha establecido.

Este *switch* balancea la fuerza generada por el elemento primario de sensado de presión y un resorte mecánico. La tensión del resorte puede ser ajustada por un técnico, lo que significa que el *trip point* es ajustable. Uno de los ajustes de este *switch* es el recorrido muerto *dead band* o ajuste de presión diferencial (en la ventana inferior). Este ajuste determina la cantidad de cambio de presión necesario para resetear el *switch* a su estado normal después que se haya activado (*tripped*). Por ejemplo: un *switch* con un *trip point* de 67 psi (cambia estado a 67 psi, incrementalmente) que se resetea a su estado normal a una presión normal de 63 psi bajando progresivamente, tiene un *dead-band* de 4 psi (67 psi - 63 psi = 4 psi).

El ajuste de presión diferencial de un sensor de presión no debe ser confundido con un *switch* real de presión diferencial. En la próxima foto, se vé un *switch* de presión actuado por una presión diferencial (la diferencia en la presión de fluido entre dos puertos) (Fig. 1.15b).

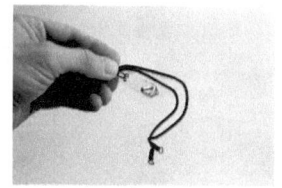

(a) Abierto

(b) Cerrado

Figura 1.14: Funcionamiento de un tilt switch

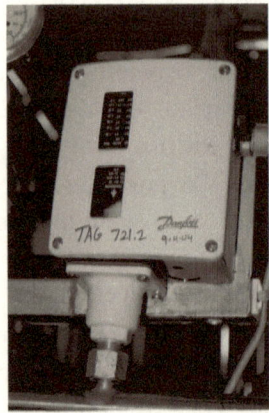 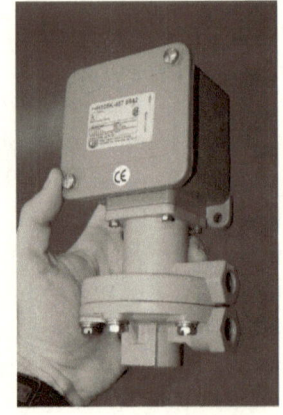

(a) Switch de presión Danfoss

(b) Switch de presión Actuado por presión diferencial

Figura 1.15: Switches de Presión

El *switch* eléctrico está ubicado bajo la cubierta azul, con el diafragma bajo la cubierta gris. La fuerza neta ejercida sobre el diafragma por las dos presiones de fluido varía en magnitud y dirección con la magnitud de esas presiones. Si las dos presiones de fluido son exactamente iguales, el diafragma no sufrirá ninguna fuerza neta (cero presión diferencial).

Al igual que el *switch* Danfoss visto anteriormente, este *switch* de presión diferencial tienen un ajuste de límite o de *trip* y un ajuste de *dead band* o ajuste diferencial. Es importante reconocer el uso de la palabra diferencial en los dos contextos de este *switch*. Este sensa diferencias de presión entre dos puertos de entrada, lo que es una *presión diferencial*: la diferencia entre dos conexiones de presión de fluido; pero, como es un *switch* también tienen *dead band* que es también una *presión diferencial*: un cambio en la presión requerido para resetear el *switch*.

1.6 *Switches* de nivel

Un *switch* de nivel es aquel que detecta el nivel de líquido o sólido (gránulos o polvo) en un envase. Estos *switches* usan flotadores como los elementos primarios de sensado de nivel. Al moverse los flotadores acciona uno o más contactos del *switch*.

Dado que el estado normal de un switch es la condición de estímulo mínimo. Un *switch* de nivel estará en ese estado cuando sense el nivel mínimo: envase vacío (Fig. 1.16a).

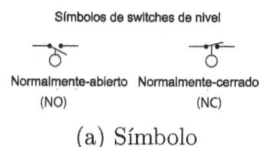

(a) Símbolo

1.6.1 Flotadores

El *switch* de nivel de agua que aparece en la foto (Fig. 1.16b) pertenece a un generador de vapor (*steam boiler*). El *switch* sensa el nivel de agua en el cilindro del generador de vapor.

El mecanismo del *switch* es un bulbo de Mercurio (*mercury tilt bulb*), el cual se hace inclinar a través de la atracción de un imán hacia una varilla de acero que ha sido levantada a una altura determinada por un flotador.

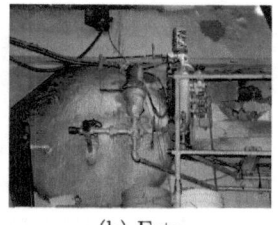

(b) Foto

Figura 1.16: Switches de nivel

Si la varilla llega a estar lo suficientemente cerca del imán, la botella de Mercurio se inclinará y cambiará el estado eléctrico del *switch*.

1.6.2 *Switches* de nivel resonadores *tunning fork*

Los *switches* de este tipo utilizan una resonador acústico en forma de U parecido al usado para afinar ciertos instrumentos musicales para detectar la presencia de un líquido o un sólido (polvo o gránulos) en un contenedor (Fig. 1.17).

Un circuito electrónico excita continuamente el resonador acústico, lo que causa que éste vibre. Cuando las extremos en U del resonador contacten algo que tenga alguna masa apreciable, la frecuencia de resonancia del conjunto disminuirá abruptamente. El circuito es capaz de detectar este cambio e indica la presencia de material que toca al resonador. El movimiento de vibración del resonador tiende a desprenderse de cualquier material acumulado, así este tipo de *switch* no sufre de errores por este motivo.

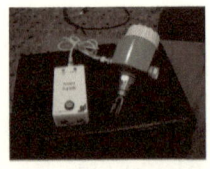

Figura 1.17: Switch resonador

1.6.3 Basados en paleta *paddle-wheel*

Una variación más primitiva de un *switch* de *tuning fork* es el *switch* de pala rotatoria (*rotating paddle*), usado para detectar el nivel de polvo o de material sólido granular. Este *switch* de nivel usa un motor eléctrico que hace rotar lentamente una pala de metal dentro del contenedor de proceso. Cuando un material sólido alcance el nivel de la pala, el conjunto de material ejercerá una carga en la pala. Un *switch* sensible a la torsión, mecánicamente conectado con el motor actuará cuando se ejerza suficiente esfuerzo torsional en el motor. En la foto se muestra un *switch* usado para detectar la presencia de polvo de bicarbonato de sodio (*soda ash powder*) en un recipiente

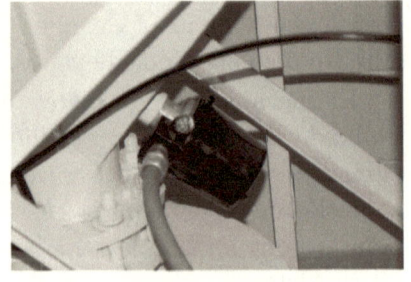

Figura 1.18: Aplicación de un switch para detectar la presencia de Bicabornato de Sodio

1.6. SWITCHES DE NIVEL

usado en una planta de tratamiento de agua (Fig. 1.18).

1.6.4 Ultrasónicos

Un *switch* de este tipo (Fig. 1.19), utiliza ondas ultrasónicas para detectar la presencia de material de proceso (sea sólido o líquido) en un punto. Las ondas de sonido son enviadas en ambos sentidos, dentro de la ranura de la sonda, generadas por transductores piezoeléctricos. La presencia de cualquier substancia que no sea gas en la ranura de la sonda, afectará la potencia de la señal acústica recibida, señalizando al circuito electrónico que el nivel del proceso ha alcanzado el punto de detección. La ausencia de partes móviles hace esta sonda muy confiable, aunque puede dar indicación falsa cuando tenga mucha acumulación de material.

Figura 1.19: Switch de nivel ultrasónico

1.6.5 Capacitivos

Este *switch* es capaz de detectar cambios de nivel por cambios en la capacidad eléctrica entre el *switch* y el líquido. La foto muestra una pareja de *switches* capacitivos sensando la presencia de agua en un recipiente (Fig. 1.20).

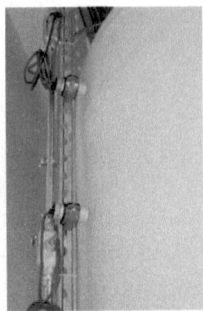

Figura 1.20: Sensores capacitivos sensando la presencia de agua

1.6.6 Conductivos

Este tipo de *switch* utiliza un conjunto de electrodos de metal para tocar el material de proceso y formar con este, un circuito cerrado, actuando como un relay. Esto solo funciona con materiales de proceso conductores de electricidad: agua potable o agua sucia, ácidos, agentes corrosivos (*caustics*), líquidos de alimentos, carbón, polvo de metal. No funciona con agua ultrapura, aceites ni polvo cerámico.

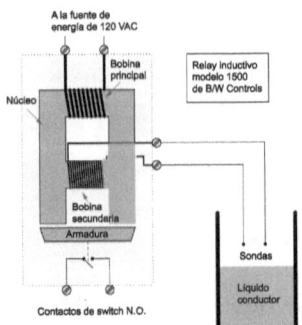

Figura 1.21: Switch de nivel conductivo B/W Controls 1500

Un diseño antiguo de este tipo de *switches* es el modelo 1500 "inductive relay" fabricado por B/W Controls usando un transformador/relay especial para generar un voltaje AC aislado en la sonda y sensar la presencia de fluido (Fig. 1.21).

El voltaje de línea (en este caso 120 VAC) energiza el primario del transformador, enviando un campo magnético a través del núcleo de hierro laminado del relay. Este campo magnético fácilmente pasa a través del centro de la bobina secundaria cuando el circuito secundario esté abierto (cuando no haya líquido cerrando el circuito de sondeo), completando así el "circuito" magnético del núcleo. Cuando un circuito es cerrado por un nivel de líquido que toca ambas sondas, la corriente resultante en la bobina del secundario impedirá que haya caudal magnético a través del centro, haciendo que el caudal magnético se redistribuya de tal forma que atraiga la armadura de hierro hacia el marco del núcleo. Esta atracción física hace puente en los contactos, con lo que la presencia de líquido se puede indicar.

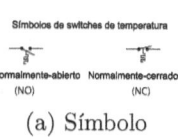

(a) Símbolo

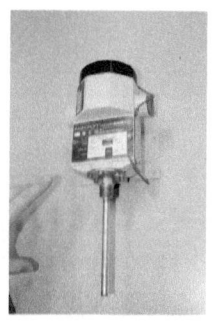

(b) Foto

Figura 1.22: Switch de temperatura

1.7 *Switches* de temperatura

Un *switch* de temperatura es uno capaz de detectar la temperatura de un objeto. Frecuentemente se usan cintas bi-metálicas como elemento de sensado, las que, cuando se mueven, actúan sobre uno más contactos del *switch*. Un diseño diferente es usar un bulbo metálico lleno con un fluido que se expande con la temperatura, haciendo que el mecanismo del *switch* actúe en base a la presión que el fluido ejerce sobre un diafragma o un fuelle. Este último tipo de diseño es realmente un *switch* de presión, cuya presión es proporcional a la temperatura del proceso lo que responde

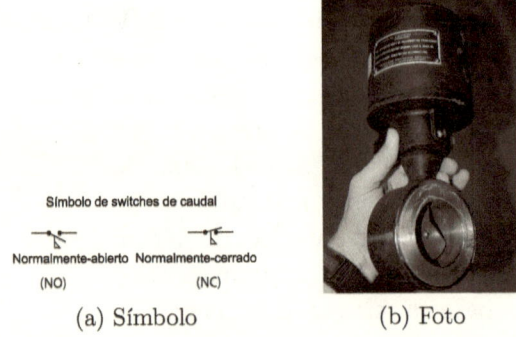

(a) Símbolo (b) Foto

Figura 1.23: Switch de caudal

a las leyes físicas que se aplican al fluido encerrado en el bulbo de sensado. Sabiendo que el estado normal de un *switch* es la condición de estímulo mínimo. Un *switch* de temperatura estará en estado "normal" cuando sense la temperatura mínima (Ej. frío, en algunos casos, más frío que la temperatura ambiente) (Fig. 1.22a).

La foto siguiente muestra un *switch* activado por temperatura fabricado por Ashcroft corporation (Fig. 1.22b).

Cuando se requiera mayor precisión (*accuracy*) y fidelidad (*repeatability*) se pueden usar circuitos electrónicos con termocuplas, RTDs o termistores en lugar de elementos de sensado mecánicos como las cintas bimetálicas o los bulbos rellenados.

1.8 *Switches* de caudal

Un *switch* de caudal es uno que detecta el caudal de cierto fluido a través de un tubo capilar. Los *switches* de caudal frecuentemente utilizan palas como el elemento primario de sensado, el movimiento de estas palas puentea uno o más contactos en el *switch*. Sabiendo que normal es el estado de estímulo mínimo, en el caso de un *switch* de caudal, este estado corresponde al momento en que se sense el caudal

1.8. SWITCHES DE CAUDAL

mínimo. (Ej. que no haya fluido en el tubo) (Fig. 1.23a).

Una pala simple en el medio del caudal de fluido genera una fuerza mecánica que puede ser usada para activar el mecanismo de un *switch* (Fig. 1.23b).